駆け抜けるメリー

遠塚谷 冨美子
Totsukatani Fumiko

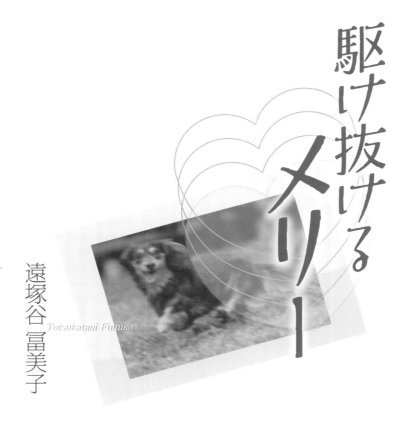

風詠社

目　次

メリーを悼む　3

やりなおせるなら　19

ごめんね　31

装幀　2DAY

メリーを悼む

あの子を犬とよばないでください

あの子はメリーという名の私の子ども

ネズミのような大きさで我が家に来たメリーは

17年を私と暮らした

悠久の宇宙で一瞬出会った小さいいのち

二度と交わらないいのちの軌跡

無力な赤ん坊は泣いてぐずって要求を知らせる

早熟なメリーは泣かずぐずらずなんでもできた

その能力をもってもっと高みをめざすことも

もっと広い世界を求めることもせず

ほかのありようを知らないままに

人間の暮らしに合わせて生きた

母親は子どもをその思う雛形に仕上げる

メリーは私ののぞみを引き受けて

されるままに従ういい子になった

私は仕事に出かけメリーは閉じ込められてばかり

メリーはどこにでも預けられることに慣れ

だれからも褒められることに私も慣れた

野性的で元気いっぱいのメリーは

おとなしく聞き分けのいい子になった

うるさく泣くのがその同類のつねなのに

辛抱づよいしずかな子になった

ずっとずっと後に年とったメリーが毎夜泣いたのは

子どもの頃のしつけを忘れてくれたのだろうか

メリーは私を好きではなかった

小躍りして飛びつく人はいたのに

久しぶりに私に会っても喜ばなかった

それでもほかに暮らす相手を知らず

私の後を追い膝に乗りお腹にくっついた

人なつこいメリー

メリーは家が好きだった

我が家はメリーの家だった

外ではみんなに好かれていたが

預けられたあと帰るときは小走りで

迎えに行った私に知らん顔で

がまんしていたメリーは一途に急いだ

私はメリーが好きだった

メリーが来て生きものはみんなメリーになった

ライオンも鹿も鳥も虫までもが

みんなメリーと同じ顔に見えた

メリーに言うように相手かまわず話しかけた

メリーに伝わらなかった身勝手な愛

旅先からメリーに出した何枚ものハガキ

ほっておかれてメリーはかわいそう

帰ったらもっと一緒に遊んであげる

毎日をメリー中心に大切にすごしたい

言葉は実行されただろうか

何度もくり返される反省の手紙

子どもを抱く母親は重さを感じない

私はどこへでもメリーを連れて歩いた

初詣に行き墓参りに行き新幹線に乗った

肩を傷めた原因がメリーと知らず

一人歩きの無聊に飽きて

私にメリーがいることを見せて歩いた

メリーがだんだん老いてゆく

失うものをひとつひとつ怖れ悲しみながら

メリーと一緒に坂道を降りる

じっと首を垂れ背を丸め

なにを訴えることもなく

ぽつねんと立ち尽くすメリー

飽くなき食欲がメリーの本性

あっという間に平らげ

食器をぴかぴかになめ尽くしたごはん

知恵比べでいつも負けた盗み食い

16歳のあの日を境に

メリーはメリーでなくなった

どこへ連れて行ってでも治してあげたいのに

メリーの病気を止めることができない

きれいな毛並みと細いくるぶしをもって

食べられないメリーは

荒い息をして行ってしまった

いのちあることのはかりがたい奇跡

メリーはなにを言いたかったの

死ぬ前の日とその前の日

腕のなかで見えない目で私を見て

甘えた声でエーンエーンと泣いた

聞いたこともない特別なその声を

私は私の終わりの日までもっていく

私しかいないのがメリーの不幸

メリーしかいないのが私の不幸

メリーのすべてを決めたのが私の落ち度

メリーのせわは体にしみついた私のならわし

メリーの安寧をそこねた私のきびしさ

メリーの生涯を我がものにした私の慟哭

メリーは生まれ落ちてすぐ

全身を隅々までなめてもらったでしょう

お腹に潜り込んでおっぱいを一杯飲んだでしょう

誰よりもやんちゃに駆けまわったでしょう

もう一度あのころに戻って

生まれたままに自由に飛び跳ねてほしい

やりなおせるなら

「メリーちゃんは元気？」

「寒くて犬の散歩大変でしょう」

なにげなく声をかけられるたびに恐れた

「あの子はもういません」

やっとそれだけ言って

顔をそむけることしかできないのを

ふちまであふれそうな

大きな甕を胸にかかえて

表の暮らしをやり過ごしながら

少しのゆれで扉の後ろに引き戻される

また笑う日があるだろうか

鉛の空の下を暗い顔で歩く

この間までメリーを抱いていた

なじみすぎたあの子の手ざわり

おりふし頭をかすめる立ち姿

知らないうちに組み上げられたジグソーパズル

こころの襞からはらはら落ちる

メリーの断片

人の子ならあり得ない無謀

深い考えもなくメリーを引き取った

ひとつだけの一度かぎりのいのちは

私の手のなかしか知らず

かずかずの過ちに耐えた

胸を穿つ呵責の砂

メリーと暮らし

何の思い入れもなくすぎた時間

とらえ難くあって当然の空気

無知無思慮を神は許し給うか

なじみのファンタジーが誘う

天国でずっと一緒だよ

この家で音を立てるものは

私のほかにメリーしかいない

ものが落ちたのだ

上の家の音なのだ

気がつくまでのほんのつかの間

メリーがこの家にいる

メリーがいなくなって家が汚れない

玄関の掃除もベランダの掃除もいらない

小バエもダニもいなくなった

見なれない虫を見かけると

われ知らず声をかける

メリーちゃん来てくれたの

ペット自慢を立ち読みした週刊誌から

反射的に目をそむける

トイレシーツを買い込んだスーパーの売り場は

すばやく通り過ぎる

講演会の外で聞こえるそっくりの泣き声に

思わず聞き耳を立てる

メリーちゃん花火よ

お月さんがきれいよ

わからないメリーをベランダに連れ出した

あたり一面のさくらも

もみじ並木も見に行った

メリーのいない1年が過ぎる

やりなおせるなら

笑いさざめく声に囲まれ

好きな言葉がふりそそぎ

しょっちゅう誰かに撫でられ触られ

人の中にいるのがいつも当たり前の

そんな一生を送らせたかった

ごめんね

新聞に野山を駆けるエゾリスの写真

これはメリー

猛烈にダッシュして目にもとまらぬ早さで

走り抜けた幼いメリー

強靱な脚力は終生変わらず

あの生命力でもっと生きられたはずのメリー

整形外科へタクシーで通う道すがら

メリーと歩いた街並みが流れる

この街をひとり無用に歩くことなどない

すれ違う人もまばら

何ごともなくただメリーと進む

なじむことのなかった味気ない舗道

あの遠く見晴らせる雄大な淀川べりを

メリーは恋しただろう

大勢の犬連れがつどい行き交い

誰にも知らんぷりのメリーが

喜んで飛びつくおなじみがいた

草むらに両足そろえたメリーの跳躍

10歳は年とるときではない

引っ越しはちがう土地への植え替え

メリーの失ったかけがえのない時間

荷物の間を悲しそうに泣いて歩いたメリー

補うものをなにもあげられず

片付けに疲れ果てた私

いつも二人だった

メリーは私のなんの妨げにもならず

なにも邪魔せず

なんでも思いのままにできた

その時その場のなりゆきに従い

メリーが見せる無心の横顔

心臓の手術を終えて

メリーのいないメリーの家へ帰る

メリーがこころ急いで戻った居場所

長い病苦のときも

ここにいささかの安楽があったのなら

私にはこの上ない慰め

極太のカシミヤセーターに鼻を当てると

メリーの背中の日なたの臭い

抱いた腕をすり抜けるメリー

玄関を開けるなり響く泣き声

手のとどかない遠いところにあって

メリーは私と一つのシステム

メリーが最後に「エーン」「エーン」と泣いて

とっさに「ごめんね」と返した

食べられないメリーの口に

無理に食べものを押し入れたと思って

はからずもいまわの際に出たのは

すべてに対するわが魂の謝罪のことば

メリー逝く

駆け抜けるメリー

2019年5月24日　第1刷発行

著　者　遠塚谷冨美子
発行人　大杉　剛
発行所　株式会社 風詠社
　　〒553-0001　大阪市福島区海老江5-2-2
　　　　　　　大拓ビル5 - 7階
　　TEL 06（6136）8657　http://fueisha.com/
発売元　株式会社 星雲社
　　〒112-0005　東京都文京区水道1-3-30
　　TEL 03（3868）3275
印刷・製本　シナノ印刷株式会社
©Fumiko Totsukatani 2019, Printed in Japan.
ISBN978-4-434-25981-4 C0092

乱丁・落丁本は風詠社宛にお送りください。お取り替えいたします。